ICS 11.040.99
CCS C 36

# 团 体 标 准

T/CARD 019—2021

# 助听器验配服务规范

**Specification for hearing aid fitting service**

2021-12-24发布 2022-01-01实施

中国残疾人康复协会 发布

# 目　次

# 前　言

本文件按照 GB/T 1.1—2020《标准化工作导则　第 1 部分：标准化文件的结构和起草规则》的规定起草。

请注意本文件的某些内容可能涉及专利。本文件的发布机构不承担识别专利的责任。

本文件由中国残疾人康复协会提出并归口。

本文件起草单位：中国听力语言康复研究中心、解放军总医院耳鼻咽喉头颈外科医学部、国家耳鼻咽喉疾病临床医学研究中心。

本文件主要起草人：于丽玫、冀飞、梁巍、薛静、王丽燕、刘晶。

# 助听器验配服务规范

## 1 范围

本文件确立了助听器验配服务的原则，描述了助听器验配服务的流程，并规定了助听器验配服务的内容、质量和服务支撑条件。

本文件适用于从事助听器验配工作的机构和专业技术人员。

## 2 规范性引用文件

下列文件中的内容通过文中的规范性引用，构成本文件必不可少的条款。其中，注日期的引用文件，仅该日期对应的版本适用于本文件；不注日期的引用文件，其最新版本（包括所有修改单）适用于本文件。

GB/T 14199 电声学 助听器通用规范

GB/T 16296.1 声学 测听方法 第1部分：纯音气导和骨导测听法

GB/T 16296.2 声学 测听方法 第2部分：用纯音及窄带测试信号的声场测听

GB/T 16296.3 声学 测听方法 第3部分：言语测听

IEC 61669 声学 助听器真耳声特性的测量方法（Acoustics-Procedures for the measurement of real-ear acoustical characteristics of hearing aids）

## 3 术语和定义

GB/T 14199 界定的以及下列术语和定义适用于本文件。

3.1

**助听器 hearing aid**

通常由传声器、放大器、受话器组成，并且由一个低压电池供电，用来放大声音、补偿听力损失的电子装置。

[来源：GB/T 14199—2010，3.1，有修改]

3.2

**助听器验配 hearing aid fitting**

使助听器达到个性化和最优化以补偿听力损失的系统化步骤。

3.3

**听障者 persons with hearing impairments**

因听觉系统中的传音、感音以及对声音综合分析的各级神经中枢发生器质性或功能性异常，导致听力出现不同程度减退的人。

3.4

**专业人员 professional**

具备一定基础理论和基本知识，掌握听觉言语评估及学习能力评估等专业技能，从事听力测试、康复评估等工作的人员。

3.5

**骨导式助听器　bone-conduct hearing aid**

将放大后的声音通过乳突或头骨机械振动的方式传导至内耳的助听器。

## 4　服务原则

### 4.1　全面服务

以全面康复为理念，以个性化验配为中心，宣传普及助听器验配知识，科学规范服务行为，全方位为听障者提供验配服务。

### 4.2　尽早验配

在儿童早期发育的关键时期，以“早发现、早诊断、早干预”为准则，尽早介入助听器验配服务，以促进儿童听觉语言能力的健康发展。

### 4.3　提高生活质量

针对成年听障者，通过及时、适合的助听器验配服务，最大限度地补偿听觉功能，充分提高听障者社会参与能力及其生活质量。

## 5　服务流程

听障者助听器验配服务应遵循图1所示流程。

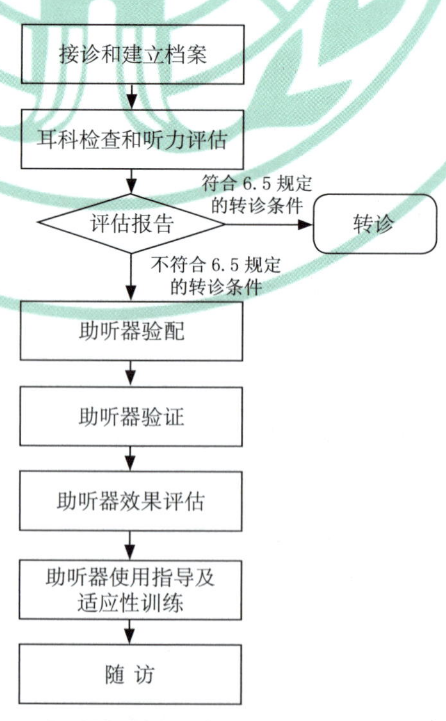


图1　助听器验配服务流程

# 6 服务内容和要求

## 6.1 接诊和建立档案

### 6.1.1 总则

首次接诊后为听障者建立档案，档案内容包括一般资料和专科资料。

### 6.1.2 一般资料

一般资料包括听障者姓名、性别、年龄、联系方式、职业等信息。

### 6.1.3 专科资料

6.1.3.1 专科资料包括听障者病史资料、耳科一般检查资料及听力评估资料。

6.1.3.2 听障者病史资料应包括以下听障者听力损失相关信息：

a） 听力损失的时间；

b） 有无治疗或干预，以及相应效果；

c） 听力是否在较长时间内保持稳定，是否有渐进性或波动性变化；

d） 有无耳痛、耳漏等伴随症状；

e） 言语理解和表达能力；

f） 过敏史；

g） 听力损失家族史；

h） 用药史；

i） 手术史；

j） 助听器及其他辅具的使用史，以及对助听装置的需求和期望值。

6.1.3.3 耳科一般检查资料宜每次接诊后更新，具体内容包括：

a） 使用耳镜观察外耳道、鼓膜、耳廓及耳后区是否有感染；

b） 是否有需要进一步医学检查的皮肤病变；

c） 是否有耵聍栓塞或其他影响印模制取及助听器验配的禁忌症。

6.1.3.4 听力评估资料应按照 6.2 规定的方法测试获得。

## 6.2 听力评估

6.2.1 听力评估包括纯音测听、言语测听和客观听力评估。

6.2.2 纯音测听：纯音测听应按照 GB/T 16296.1 规定的测试过程进行。无法配合纯音测听的学龄前听障儿童，应使用行为测听（行为观察反应测听、视觉强化测听和游戏测听）测试听阈。7 岁以上听障者应同时测试不舒适阈。

6.2.3 言语测听：言语测听应按照 GB/T 16296.3 规定的测试过程进行。

6.2.4 客观听力评估：无法配合纯音测听及行为测听的学龄前听障儿童，应使用客观方法进行听力评估，包括听性脑干反应阈值、40 Hz 听觉稳态电位、稳态听觉诱发反应、耳声发射、声导抗测试等。

## 6.3 评估报告

6.3.1 建立听障者档案并进行听力评估后，应编制形成评估报告，并就评估结果向听障者进行解释，答复相应咨询，同时通过沟通确定验配耳别。

6.3.2 评估结果的解释和咨询主要包括下列内容：

a) 听力学评估结果的综合分析；

b) 是否需要配戴助听器；

c) 听障者适合的助听器系统类型和适宜验配助听器的耳别；

d) 助听器型号、类型信息；

e) 助听器与其他设备设施的连接功能、操作特征、附件；

f) 助听器价格信息。

6.3.3 通过沟通后确定验配耳别。对双耳听障者一般进行双耳验配，如受到条件限制或经听障者自愿选择同意后，也可单耳验配。单耳验配助听器的耳别确定应遵循下列要求：

a) 双耳听力损失均小于 60 dB，选择听力较差的耳验配；

b) 双耳听力损失均大于 60 dB，选择听力较好的耳验配；

c) 双耳听力损失程度接近，选择听力曲线更平坦的耳验配；

d) 日常惯用耳优先。

## 6.4 助听器验配

### 6.4.1 选择助听器

#### 6.4.1.1 选择助听器种类

在验配模拟助听器时，根据听障者的听觉动态范围选择压缩线路，如削峰、自动增益控制等，可参考计算机提示进行选择。

验配数字助听器时，可调节不同频段的增益、压缩比等，并可根据听障者听力损失类型和声学环境设定多套程序。

助听器性能参数设置可根据 GB/T 25102.7—2017 通过电声试验进行验证。

#### 6.4.1.2 试戴助听器

根据听障者的听力损失程度和助听器所能达到的性能，结合听障者经济条件、工作和生活环境，以及个人喜好等情况，推荐两款以上助听器供其试戴。

### 6.4.2 定制耳模或耳内机（定制机）外壳

如所选的助听器系统需要定制耳模或耳外壳，首先应重新检查外耳道和鼓膜，然后为听障者取耳印模或扫描耳道形状，并填写定制单。将取好的印模或耳道扫描数据提交制造部门。

骨导式助听器不需要此步骤。

### 6.4.3 助听器调试

#### 6.4.3.1 助听器耳模或耳外壳的声学特性

定制助听器耳模或耳外壳，同时应使定制部分（耳模、耳外壳等）达到合适的声学特性。儿童宜选择软耳模或半软耳模。成人宜选择硬耳模。极度和重度听力损失，宜选择密封性较好的壳式硬耳模；重度和中重度听力损失，宜选择框架式硬耳模；中重度和中度听力损失，宜选择耳道式耳模。

骨导式助听器不需要此步骤。

#### 6.4.3.2 助听器预设

在将助听器配戴到听障者耳部进行调试前，应对增益、压缩、最大声输出等参数进行预设。对助听器参数进行精细调节时，应与听障者密切互动。在任何输入声级下助听器的输出均不应超过听障者的不舒适阈。

#### 6.4.3.3 助听器调试

依据听障者听力变化情况、对助听器的适应情况以及反馈的具体问题进行反复调试，通过调试确定助听器最佳的参数配置。

### 6.5 转诊

有下列情况之一的听障者应首先转诊至具备相应资质的医疗机构：

a） 处于活动期的传导性听力损失；

b） 发生在 3 个月内的进行性听力下降；

c） 反复出现的波动性听力下降；

d） 伴有耳痛、耳鸣、眩晕或头痛；

e） 外耳道闭锁；

f） 助听器效果甚微或无效且考虑人工耳蜗植入；

g） 6.1.3.3 所列的耳科一般检查结果异常者。

### 6.6 助听器验证

#### 6.6.1 真耳分析验证

按照 IEC 61669 规定的方法进行真耳分析验证。真耳测量结果达到各目标曲线允许误差范围为验证有效。骨导式助听器暂不作此要求。

#### 6.6.2 场景验证

使用经过校准的真实生活中典型的声音采样录音，模拟听障者日常生活场景，验证结果辅助细化助听器调试。

#### 6.6.3 附加功能验证

若助听器系统包括其他附加程序、特征及装置，均应予以验证。

### 6.7 助听器效果评估

使用助听器后，可采用以下方法进行助听器效果评估：

a） 助听听阈与无助听条件下纯音听阈比较；

b） 林氏六音测试；

c） 带/不带背景噪声的声场下言语测听；

d） 问卷调查；

e） 使用扬声器阵列的定位性能。

应注意不同性质的测试信号、不同给声强度、不同聆听环境对助听器放大效果的影响。

效果评估宜与助听器验配前的评估结果进行对比，以达到相应评估方法的显著改善值为有效。

### 6.8 使用指导及适应性训练

6.8.1 助听器交付使用指导的主要内容如下：

a） 机身上各开关旋钮的功能；
b） 电池的使用寿命和更换方法；
c） 助听器或耳模的摘戴方法；
d） 防潮、防摔、去除耵聍等日常维护方法；
e） 干燥盒的使用方法及干燥剂有效性的判断方法；
f） 保修卡的作用；
g） 随访日期；
h） 简单的助听器故障判断和排除方法。

6.8.2 适应性训练过程的主要内容如下：

a） 适应过程一般为1个月～3个月；
b） 刚配戴助听器时，只在家中使用，音量从小声开始；
c） 尝试发现原来在家中听不到的声音；
d） 逐步熟悉自己放大后的声音，调整说话音量；
e） 开始时每天使用3 h～4 h，逐渐增加使用时间，直至非睡眠状态一直使用；
f） 使用环境从安静到嘈杂；
g） 交流对象的距离由近及远；
h） 交流对象从1人到多人。

### 6.9 随访

定期随访用户并对助听器配戴效果做出新的评价。随访时间一般为：配戴助听器的第一年每3个月复查1次，以后每半年复查1次。如果听障者有特殊情况则不受此时间限制，可随时就诊。随访评估除评估助听器效果外，还应对听障者的耳部和听力进行检查。

## 7 服务条件

### 7.1 人员条件

7.1.1 机构内应设置下列专业人员：

a） 不少于2名听力服务专业人员，具备听力测试、助听器验配、助听器真耳分析、助听听阈测试、电耳镜检查、询问病史及问卷调查的能力；
b） 不少于1名康复评估人员，具备熟练完成听觉言语评估和学习能力评估的能力。

7.1.2 专业人员每年应接受不少于20 h的继续教育培训，每年接受至少1次一般管理、职责、法规等补充教育。

7.1.3 专业人员应遵守以下伦理要求：

a） 遵守职业操守，在接受过培训和力所能及的范围内开展工作；
b） 尊重听障者的实际需求，以为听障者达到最好的解决方案为目的；
c） 尊重听障者，保护听障者隐私；
d） 转诊应征得听障者同意，并为其提供必要文件，不应收取转介费。

## 7.2 场所条件

场所应包括可以完成接诊、测试、验配、评估等功能的独立工作用房，并分别符合下列要求：

a） 诊室。用于接诊、耳科一般检查、耳镜检查、康复咨询、病历书写、取印模、档案保管及样品展示等。面积不少于 8 $m^2$。
b） 测听室。用于纯音测听、声场评估、小儿行为测听等。房间大小需保证正常安置听力设备，一般不少于 10 $m^2$。本底噪声应符合 GB/T 16296.2 的要求。
c） 助听器验配室。用于助听器性能测试、助听器编程和调试，房间应进行隔声和吸音处理，本底噪声≤ 45 dB A 计权声压级。面积不少于 10 $m^2$，空间不小于 25 $m^3$。混响时间在 500 Hz 时应小于 0.5 s，在正常工作条件下至少 30 s 时间内等效 A 计权声压级应小于 45 dB。
d） 评估室。用于进行听觉能力、言语能力及学习能力评估，房间应进行隔声和吸音处理，本底噪声≤ 45 dB A 计权声压级。面积不少于 8 $m^2$。

## 7.3 设备条件

### 7.3.1 诊室设备配置

诊室应具备以下设备：

a） 计算机；
b） 电耳镜；
c） 取印模工具。

### 7.3.2 测听室设备配置

测听室应具备以下设备：

a） 诊断型听力计（可进行骨导、气导及声场测听）；
b） 视觉强化装置；
c） 声级计；
d） 游戏测听用玩器具；
e） 中耳分析仪；
f） 言语测听设备；
g） 音叉。

### 7.3.3 助听器验配室设备配置

助听器验配室应具备以下设备：

a） 助听器性能分析仪；

b） 助听器编程器及计算机、验配软件；

c） 助听器听诊器；

d） 助听器保养设备；

e） 适用于儿童及成人的助听效果评估问卷，如助听器效果家长问卷、教师问卷及成人助听效果问卷。

### 7.3.4 评估室设备配置

评估室应具备以下设备：

a） 听觉能力评估工具（如《听力障碍儿童听觉能力评估标准及方法》、言语测听词表）；

b） 语言能力评估工具（如《听力障碍儿童语言能力评估标准及方法》）；

c） 学习能力评估工具（如希－内评估用具、格雷菲斯测试用具）。

## 8 服务质量

助听器验配服务质量应围绕以下几点进行：

a） 文档管理。专业人员应及时更新、维护听障者的档案系统，所有工作及与听障者的沟通均应记录在内。所有设备周期性检查和校准的详细记录档案也应保存，及时更新。

b） 助听器验配过程控制。

c） 服务满意度评价。助听器专业人员应针对提供的服务对听障者进行周期性满意度调查，调查可通过满意度问卷进行。服务单位应提供调查结果。

d） 投诉处理。助听器验配机构应建立接受投诉的渠道并保持渠道畅通，出现问题时及时采取纠正措施，合理处置，尽快解决投诉问题。

## 参 考 文 献

［1］ ISO 21388-2020 Acoustics - Hearing aids fitting management（HAFM）［S］.

［2］ GB/T 25102.7 电声学 助听器 第7部分：助听器生产、供应和交货时质量保证的性能特性测量［S］.

［3］ 倪道凤，梁涛，孙喜斌，等．助听器验配师国家职业技能标准（2020年版）［EB/OL］. https://www.21wecan.com/rcpj/zyjnjd/zyzgbz/202006/t20200605_9024.html.

［4］ 迪龙．助听器［M］. 2版．胡向阳，译．北京：华夏出版社，2019.

［5］ 龙墨，王树峰．国家职业技能培训教程：助听器验配师（四级）［M］. 北京：中国劳动保障出版社，2017.

T/CARD 019—2021


**图书在版编目（CIP）数据**

助听器验配服务规范 / 中国残疾人康复协会发布 .-- 北京：华夏出版社有限公司，2022.4

ISBN 978-7-5222-0314-0

Ⅰ. ①助… Ⅱ. ①中… Ⅲ. ①助听器一康复服务一规范一中国 Ⅳ. ① TH789-65

中国版本图书馆 CIP 数据核字（2022）第 035392 号

**助听器验配服务规范**

---

发　　布　中国残疾人康复协会
责任编辑　张　平　卫清静

出版发行　华夏出版社有限公司
经　　销　新华书店
印　　刷　三河市少明印务有限公司
装　　订　三河市少明印务有限公司
版　　次　2022 年 4 月北京第 1 版
　　　　　2022 年 4 月北京第 1 次印刷
开　　本　880mm × 1230mm　1/16
印　　张　1
字　　数　20 千字
定　　价　25.00 元

---

华夏出版社有限公司

北京市东城区东直门外香河园北里 4 号（100028）

网址：www.hxph.com.cn　　电话：（010）64618981

若发现本版图书有印装质量问题，请与我社营销中心联系调换。

**定价：25.00 元**